科学のアルバム

ギフチョウ

青山潤三

あかね書房

もくじ

写真提供●おくやまひさし
（39ページ①②③）
平凡社アニマ
（41ページ右）
編集協力●後藤友子
イラスト●杉本啓子
渡辺洋二
青山潤三
林　四郎
装丁●画　工　舎

科学のアルバム

ギフチョウ

青山潤三（あおやま　じゅんぞう）

一九四八年、兵庫《ひょうご》県に生まれる。
日本の生物相《せいぶつそう》の成り立ちを追って、国内外の生物を研究する。
著書《ちょしょ》に「中国のチョウ——海の向こうの兄弟たち」（東海大学出版会）、
「屋久島——世界遺産《いさん》の自然《しぜん》」
「世界遺産の森・屋久島——大和《やまと》と琉球《りゅうきゅう》と大陸《たいりく》のはざまで」（共に平凡社）、
「小笠原《おがさわら》　緑の島の進化論《しんかろん》」（白水社）などがある。

春《はる》風《かぜ》にさそわれて、
ギフチョウが舞《ま》います。
ギフチョウは世《せ》界《かい》中《じゅう》で
日本《にっぽん》にだけすむチョウです。
サクラのさくころにだけ
姿《すがた》をみせるので、
「春《はる》の女《め》神《がみ》」とよばれています。

●カキドオシの花《はな》に、蜜《みつ》をすいに
やってきたギフチョウ。

➡四月上旬《がつじょうじゅん》、関西《かんさい》の都市近郊《としきんこう》の小《ち》さな村《むら》。農家《のうか》の裏山《うらやま》の雑木林《ぞうきばやし》の木《き》ぎが芽《め》ぶきはじめ、ヤマザクラもさいています。こんなところにギフチョウはすんでいます。

※この本《ほん》の撮影地《さつえいち》は、おもに関西《かんさい》の都市近郊《としきんこう》の里山《さとやま》です。ギフチョウの成虫《せいちゅう》のあらわれる時期《じき》は、地方《ちほう》によって少《すこ》しずつちがいます。

春《はる》の里山《さとやま》

ギフチョウのすんでいる場所《ばしょ》は、里山《さとやま》といって、人里《ひとざと》に近《ちか》い山《やま》や丘陵地帯《きゅうりょうちたい》です。

里山《さとやま》には、クヌギやコナラなどの雑木《ぞうき》林《ばやし》、スギやヒノキの植林地《しょくりんち》、そして果樹《かじゅ》園《えん》などがあります。このような場所《ばしょ》は、適度《てきど》に人《ひと》の手《て》がくわわっていて、まったくの自然状態《しぜんじょうたい》ではありません。

四月上旬《がつじょうじゅん》、ある農家《のうか》の裏《うら》のクリ畑《ばたけ》の木《き》で、ギフチョウが休《やす》んでいました。クリ畑《ばたけ》の地面《じめん》には、前《まえ》の年《とし》の秋《あき》にしきつめられた落《お》ち葉《ば》や、クリのいがにまじって、草《くさ》が芽《め》ぶきはじめています。里山《さとやま》に春《はる》がやってきたのです。

⬆４月上旬《がつじょうじゅん》のある朝《あさ》。羽化《うか》したばかりでしょうか，ギフチョウがはねを開《ひら》いて休《やす》んでいました。はねをひろげたさしわたしは約《やく》５㎝。地面《じめん》の大部分《だいぶぶん》は落《お》ち葉《ば》におおわれ，まだ冬《ふゆ》の余韻《よいん》をのこしています。

←クリ畑《ばたけ》の地面《じめん》すれすれに、ギフチョウがとんでいきます。蜜《みつ》をすうための花《はな》をさがしているのでしょうか。草《くさ》の多《おお》くは、まだ芽《め》ぶきはじめたばかりです。むこうでさいているのはヤマザクラの花《はな》。

⬆タンポポの花《はな》の上《うえ》をとおりすぎていくギフチョウ。黄色《きいろ》い花《はな》にはあまりきません。

花《はな》の蜜《みつ》をもとめて

ギフチョウの成虫《せいちゅう》の食《た》べ物《もの》は、花《はな》の蜜《みつ》です。

ギフチョウは、春《はる》にだけ活動《かつどう》するので、蜜《みつ》をすうための花《はな》も、この時季《じき》にさく花《はな》がほとんどです。

このような、春《はる》の短《みじか》いあいだだけきらめくように姿《すがた》をあらわし、あとは消《き》えてしまう生《い》き物《もの》を、スプリング・エフェメラル（春《はる》のはかない生《い》き物《もの》）とよんでいます。

ギフチョウは、タンポポなどの黄色《きいろ》い花《はな》より、スミレのような、赤《あか》〜紫色《むらさきいろ》の花《はな》によくやってきます。

⬆ナガバノタチツボスミレの花《はな》にとまるギフチョウ。スミレのなかまは，ギフチョウのもっともすきな花《はな》です。

⬆背《せ》の低《ひく》い草《くさ》の花《はな》だけでなく，農家《のうか》の庭先《にわさき》にさく，モモの花《はな》にもくることがあります。

⬆ショウジョウバカマにもきました。この花《はな》は少《すこ》し山《やま》おくでさきます。

⬆カキドオシにきたギフチョウ。この花《はな》は人里《ひとざと》に多《おお》く，ギフチョウのすきな花《はな》のひとつです。

木《き》の芽《め》やかれ葉《は》にふれるようにしてとんでいたおすが，めすをみつけて，交尾《こうび》しようとするところ。

4月《がつ》13日《にち》，午前《ごぜん》10時《じ》ごろ，クリの木《き》の枝先《えださき》で，羽化《うか》してまもないギフチョウのめすが，はねをひろげて休《やす》んでいました。

おすとめすの出会《であ》い

春《はる》の短《みじか》い時季《じき》にしか活動《かつどう》しないギフチョウの成虫《せいちゅう》にとって、もっともたいせつな仕事《しごと》は、子孫《しそん》をのこすことです。ギフチョウは、おすのほうが数日《すうじつ》早《はや》く羽化《うか》し、あちこちとびながら、めすのでてくるのをまちます。

あとから羽化《うか》しためすが、木《き》のこずえなどで、はねをかわかしているのをみつけると、すぐに近《ちか》づいて、あっというまに交尾《こうび》をはじめます。

交尾《こうび》がおわっためすの腹《はら》には、交尾《こうび》後付属物《ごふぞくぶつ》というものができて、ふたたび交尾《こうび》することはありません。

⬆むかいあって交尾《こうび》するギフチョウ。交尾《こうび》はあたたかい日《ひ》の日中《にっちゅう》におこなわれ，１時間《じかん》ほどつづきます。交尾《こうび》によって，めすのおなかの卵《たまご》に生《せい》命《めい》のスイッチがはいります。おすは交尾後《こうびご》も，ほかのめすをみつけて，数回《すうかい》交尾《こうび》するようです。

⬅めすの腹《はら》をおおった板状《いたじょう》の交尾後付属物《こうびごふぞくぶつ》。おすが粘液《ねんえき》をだして，おしり付近《ふきん》の毛《け》をこねあわせてつくります。

交尾中《こうびちゅう》のおすとめすのところに，もう１ぴきのおすがやってきました。

ところが、交尾中《こうびちゅう》のめすに、別《べつ》のおすがやってきて、交尾《こうび》しようとすることが、しばしばあります。おすは、めすをさがすことに、いつもいっしょうけんめいなのです。

でも、めすのからだは一度《いちど》しか交尾《こうび》ができないしくみになっているので、あとからきたおすは、交尾《こうび》ができません。おすはあきらめて、また別《べつ》のめすをさがしつづけます。

交尾《こうび》をおわっためすのおなかの中《なか》では、卵《たまご》が育《そだ》ちます。

↑もつれあう２ひきのおすと１ぴきのめす。交尾中《こうびちゅう》のおすとめすは，しっかりとからだをくっつけあっているので，あとからきたおすは，わりこめません。

↓もつれあっているうちに，地上《ちじょう》におちてしまいました。それでもしばらくのあいだ，３びきはもつれあっていました。

➡ヒノキの葉《は》で休《やす》むギフチョウ。早朝《そうちょう》や夕方《ゆうがた》には、よくこずえで休《やす》んでいます。とまったばかりのときははねを開《ひら》いていますが、だんだんさげて、最後《さいご》にはとじてしまいます。

だんだらもようと、見《み》えにくい姿《すがた》

ギフチョウが、ヒノキの葉《は》の上《うえ》や、地面《じめん》のかれ葉《は》の上《うえ》で休《やす》んでいます。

交尾《こうび》がおわったからといって、安心《あんしん》はできません。めすは、ぶじに生《い》きのびて、産《さん》卵《らん》をしなければなりません。また、おすは別《べつ》のめすをさがさなければなりません。

鳥《とり》などの敵《てき》にみつかるとたいへんです。でも、ギフチョウのだんだらもようは、まわりの風景《ふうけい》にとけこんで、どこにいるのか、わかりにくくしてくれます。

↑上《うえ》，かれ葉《は》の上《うえ》では，はねのもようがかれ葉《は》の色《いろ》
←や形《かたち》にとけこんでしまいます。左《ひだり》，近《ちか》づいてみると，あざやかなもようがうかびあがります。

産卵場所《さんらんばしょ》をさがしてとぶめす。交尾《こうび》から数日後《すうじつご》に産卵《さんらん》をはじめます。

産《さん》卵《らん》場《ば》所《しょ》をもとめて

めすのギフチョウが、産卵場所《さんらんばしょ》をさがして、はうようにとびます。

卵《たまご》をうみつける場《ば》所《しょ》は、卵《たまご》からかえった幼虫《ようちゅう》が食《た》べる植物《しょくぶつ》です。この食物《しょくぶつ》を食草《しょくそう》といいます。ギフチョウの幼虫《ようちゅう》の食草《しょくそう》は、カンアオイのなかまです。

めすは、それがカンアオイの葉《は》であるか、また、卵《たまご》をうみつけるのに適《てき》しているかどうかたしかめます。そのため、地面《じめん》の落《お》ち葉《ば》の中《なか》から顔《かお》をだしている、さまざまな植物《しょくぶつ》にふれながらとぶのです。

↑このめすは，葉《は》の形《かたち》がカンアオイににたフキの葉《は》(左《ひだり》)に近《ちか》づき，まちがいに気《き》づいたあと，ヒメカンアオイ(右《みぎ》)をみつけました。食草《しょくそう》をさがしだすときは，目《め》で見《み》るだけでなく，においやさわったときの感《かん》じもてがかりにします。

➡四月《がつ》十八日《にち》、午前《ごぜん》十一時《じ》ごろ。かれ葉《は》にうもれた、開《ひら》きはじめたばかりのヒメカンアオイに産卵《さんらん》するめす。うみつけられた卵《たまご》が見《み》えます。

ギフチョウの産卵《さんらん》

カンアオイをみつけためすは、芽《め》ぶいたばかりで、まだ二つにおりたたまれた葉《は》のふちに、しがみつくようにとまります。そして、からだを葉《は》の上《うえ》の方《ほう》にのりだし、腹《はら》をおもいきりまげて、葉《は》の裏側《うらがわ》に卵《たまご》をうみつけます。

卵《たまご》を一つうみおわると、葉《は》にしがみついたままの姿《すがた》で腹《はら》をもとにもどし、数秒後《すうびょうご》、ふたたび腹《はら》をまげて、つぎの卵《たまご》をうみつけます。

全部《ぜんぶ》で十個《こ》前後《ぜんご》の卵《たまご》を、一枚《まい》の葉《は》に、数分《すうふん》間《かん》かけて、きちんとうみつけていくのです。

↑春《はる》のやわらかい光《ひかり》の中《なか》で，ヒメカンアオイに産卵中《さんらんちゅう》のめす。産卵《さんらん》は，朝《あさ》の９時《じ》ごろから夕方《ゆうがた》の４時《じ》ごろまでつづき，もっともさかんなのは午前《ごぜん》10時《じ》ごろです。

⬆ギフチョウの産卵《さんらん》した場所《ばしょ》です。産卵場所《さんらんばしょ》として，産卵中《さんらんちゅう》のめすが敵《てき》にみつかりにくいこと，うんだ卵《たまご》に直射日光《ちょくしゃにっこう》があたって，乾燥《かんそう》などしすぎないこと，また，まわりに食草《しょくそう》がたくさんあること，などがたいせつな条件《じょうけん》です。

⬅ヒメカンアオイにうみつけられた緑色《みどりいろ》の真珠《しんじゅ》。直径《ちょっけい》は約《やく》1㎜。カンアオイは一年中《ねんじゅう》，緑《みどり》の葉《は》をしげらせていますが，ギフチョウが産卵《さんらん》するころになると，新《あたら》しい葉《は》が芽《め》ぶきます。

卵《たまご》はかならず葉《は》の裏側《うらがわ》にうみつけますが，つかれためすがあやまって，葉《は》の表側《おもてがわ》にうみつけることもあります。

同《おな》じ葉《は》に，別《べつ》べつの親《おや》が産卵《さんらん》しました。右《みぎ》はうみつけられたばかりの卵《たまご》，左《ひだり》は数日《すうじつ》まえにうみつけられた卵《たまご》。

緑色《みどりいろ》の真珠《しんじゅ》

ギフチョウが産卵《さんらん》するカンアオイは、一年中《ねんじゅう》、緑《みどり》の葉《は》をつけています。でも、ギフチョウが卵《たまご》をうむのは若《わか》い葉《は》で、生長《せいちょう》しきった葉《は》には、めったにうみません。

卵《たまご》をうみつけられたカンアオイの若葉《わかば》は、はじめ二つにおりたたまれていますが、やがて生長《せいちょう》して、水平《すいへい》に開《ひら》きます。すると、卵《たまご》をうみつけられた葉《は》の裏側《うらがわ》は下《した》をむき、敵《てき》から見《み》えにくくなるのです。

うみつけられたばかりのギフチョウの卵《たまご》は、まるで緑色《みどりいろ》の真珠《しんじゅ》のようにかがやいています。しかし、時間《じかん》がたつにつれて、すこしずつ白《しろ》っぽくなっていきます。

➡成虫《せいちゅう》で冬《ふゆ》をこしてきたヒオドシチョウ。親《おや》は春《はる》に産卵《さんらん》すると死《し》に、つぎの世代《せだい》は初夏《しょか》に成虫《せいちゅう》になって、翌年《よくねん》の春《はる》まで生《い》きます。

➡キチョウも成虫《せいちゅう》で冬《ふゆ》をこします。しかし、ヒオドシチョウとちがい、一年《ねん》に五～六回《かい》も世代《せだい》の交《こう》代《たい》をくりかえします。

⬅レンゲ畑《はたけ》の上《うえ》をとぶモンキチョウのめす(右《みぎ》)とおす。モンキチョウは、幼虫《ようちゅう》で冬《ふゆ》をこし、一年《ねん》のあいだに五～六回《かい》も世代交代《せだいこうたい》をくりかえします。

早春《そうしゅん》のチョウたち

ギフチョウが活動《かつどう》するころのクリ畑《ばたけ》の周辺《しゅうへん》では、ほかにもいろいろなチョウがとんでいるのを見《み》ることができます。

ギフチョウのような「スプリング・エフェメラル」のチョウもいます。

一年《ねん》のあいだに、何回《なんかい》も羽化《うか》するチョウもいます。また、一年《ねん》のほとんどを成虫《せいちゅう》でいるチョウもいます。

チョウによって、そのくらしかたはさまざまです。

⬆ツマキチョウもギフチョウと同《おな》じで，春《はる》以《い》外《がい》の季節《きせつ》を，ずっとさなぎでくらします。

⬆キアゲハもさなぎで冬《ふゆ》をこしますが，１年《ねん》に５～６回《かい》の世《せ》代交代《だいこうたい》をくりかえします。

スプリング・エフェメラルでないチョウのなかまは、田《た》畑《はた》や人家《じんか》の庭先《にわさき》など、広《ひろ》い範《はん》囲《い》で活動《かつどう》しているようです。

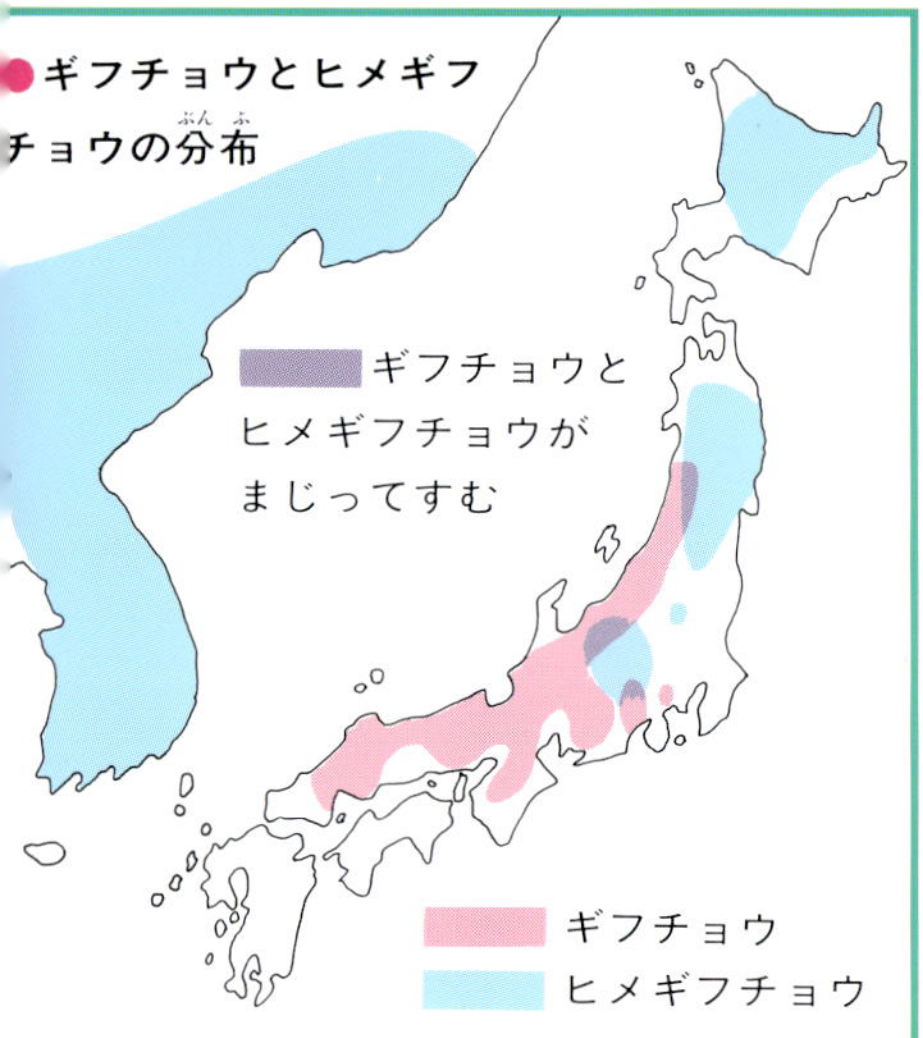

ヒメギフチョウは，日本海《にほんかい》をとりかこむ地域《ちいき》にすんでいます。一部《いちぶ》の地方《ちほう》では，ギフチョウとまじってすんでいます。

⬆ヒメギフチョウのすむ北国《きたぐに》では，おそくまで谷《たに》ぞいに雪《ゆき》がのこっています。５月《がつ》，カスミザクラがさき，ミズナラが芽《め》ぶくころ，ヒメギフチョウが姿《すがた》をみせます。

もうひとつの「春《はる》の女神《めがみ》」

ギフチョウは、本州《ほんしゅう》のおもに西半分《にしはんぶん》で見《み》られますが、中部地方《ちゅうぶちほう》や東北《とうほく》、北海道《ほっかいどう》、それに朝鮮半島《ちょうせんはんとう》にかけて、とてもよくにたチョウがすんでいます。ヒメギフチョウです。

ヒメギフチョウのヒメとは、「小《ちい》さい」とか、「かわいらしい」の意味《いみ》です。はねのもようや、生活《せいかつ》のしかたもギフチョウによくにていて、やはり「春《はる》の女神《めがみ》」です。とんでいるところをちょっと見《み》ただけでは、かんたんに区別《くべつ》がつきません。

でも、よく注意《ちゅうい》してみると、はねのもようや、産卵《さんらん》のしかた、幼虫《ようちゅう》の姿《すがた》、幼虫《ようちゅう》の食《た》べ物《もの》などが、少《すこ》しずつちがっています。

↑カタクリの花《はな》の蜜《みつ》をすうヒメギフチョウ。カタクリの花《はな》は，北国《きたぐに》のブナやミズナラなどの落葉広葉樹林《らくようこうようじゅりん》にさく，代表的《だいひょうてき》なスプリング・エフェメラルの花《はな》です。

←ギフチョウでは，表《おもて》ばねのいちばん下側《したがわ》のもんはオレンジ色《いろ》です。ヒメギフチョウでは黄色《きいろ》です。

↑開《ひら》ききったウスバサイシンの若葉《わかば》のへりに前《まえ》あしをひっかけて，ぶらさがるような姿勢《しせい》で産卵《さんらん》するヒメギフチョウ。ヒメギフチョウの交尾後付属物《こうびごふぞくぶつ》は，ギフチョウとちがって，ぼう状《じょう》につきでています。そのために，このような姿勢《しせい》で産卵《さんらん》するのです。

←ヒメカンアオイに産卵《さんらん》するギフチョウ。からだを，葉《は》の上《うえ》にのりだして産卵《さんらん》します。ギフチョウの交尾《こうび》後付属物《ごふぞくぶつ》は，板状《いたじょう》です。

↑北国《きたぐに》では，常緑《じょうりょく》のコシノカンアオイ↑とウスバサイシン↑がいっしょにはえていて，ギフチョウとヒメギフチョウが，まじってすんでいる場所《ばしょ》があります。でも，ヒメギフチョウの幼虫《ようちゅう》は，ウスバサイシンしか食《た》べません。

↑ウスバサイシンの葉《は》の裏《うら》にうみつけられたヒメギフチョウの卵《たまご》。ギフチョウの卵《たまご》よりやや小《ちい》さく，多《おお》めにうみます。

ヒメギフチョウの産卵《さんらん》

ギフチョウは、ヒメカンアオイなどの、一年中《ねんじゅう》、葉《は》が緑色《みどりいろ》のカンアオイに産卵《さんらん》します。ところがヒメギフチョウは、同《おな》じカンアオイのなかまでも、冬《ふゆ》に葉《は》をおとすウスバサイシンに産卵《さんらん》します。

北国《きたぐに》では、雪《ゆき》どけとともにウスバサイシンの若葉《わかば》がでてきます。そんな葉《は》をさがし、ヒメギフチョウは産卵《さんらん》するのです。

ギフチョウとヒメギフチョウの分布《ぶんぷ》は、その食草《しょくそう》の分布《ぶんぷ》のちがいと一致《いっち》します。

チョウがまじってすんでいる地方《ちほう》や寒《さむ》い地方《ちほう》では、ウスバサイシンの葉《は》に、ギフチョウが産卵《さんらん》することもあります。

➡ギフチョウのでてきたころは、まだ芽《め》をだしたばかりだったニガナも、あっというまにのびて、黄色《きいろ》い花《はな》を一面《いちめん》にさかせます。手前《てまえ》は、ヒメカンアオイ。

⬇うみつけられた卵《たまご》は、カンアオイの葉《は》が生長《せいちょう》するにつれて、卵《たまご》と卵《たまご》の間《かん》かくが開《ひら》いていきます。左《ひだり》は、うみつけられてまもない卵《たまご》です。

↑幼虫《ようちゅう》のふ化直前《かちょくぜん》。からをすかして幼虫《ようちゅう》の頭《あたま》がうごくのが見《み》え，卵《たまご》は全体《ぜんたい》に黒《くろ》ずんできます。

←5月《がつ》7日《か》，幼虫《ようちゅう》のふ化《か》。1時間《じかん》ほどで全部《ぜんぶ》の卵《たまご》からでてきます。うまれたばかりの幼虫《ようちゅう》は，うす茶色《ちゃいろ》をしています。

ふ化《か》

ギフチョウの親《おや》が卵《たまご》をうみおわって姿《すがた》をけす、四月末《がつまつ》〜五月《がつ》のはじめ、あたりのようすは、きゅうにかわっていきます。クリの木《き》が、枝《えだ》いっぱいに若葉《わかば》をつけ、地面《じめん》はさまざまな下草《したくさ》でおおわれます。

カンアオイも、葉《は》を大《おお》きく横《よこ》にひろげ、葉《は》の裏《うら》にうみつけられた卵《たまご》は、外側《そとがわ》からはわかりません。また、カンアオイ自身《じしん》も下草《したくさ》の中《なか》にうもれてしまいます。

ふ化《か》がまぢかになると、卵《たまご》は黒《くろ》ずんできます。そして、産卵《さんらん》から約《やく》二〜三週間《しゅうかん》たったある日《ひ》、からの一部分《いちぶぶん》を食《く》いやぶって、ギフチョウの幼虫《ようちゅう》がふ化《か》します。

←卵《たまご》からでてきた幼虫《ようちゅう》は，一か所《しょ》にあつまって，さっそく葉《は》を食《た》べはじめます。葉《は》を食《た》べはじめると，からだの色《いろ》もだんだんこくなっていきます。ひとしきり食《た》べおわると，葉《は》のまん中《なか》あたりにもどり，一列《れつ》にならんでじっとしています。１時間《じかん》あまりたつと，ふたたび食《た》べはじめ，１日《にち》に何回《なんかい》もこれをくりかえすのです。左下《ひだりした》には，卵《たまご》のからが見《み》えています。

↓すっかり開《ひら》いたヒメカンアオイの葉《は》の裏《うら》に，ギフチョウの幼虫《ようちゅう》がいます。上《うえ》から見《み》ただけでは，幼虫《ようちゅう》がどこにいるのかわかりません。

➡一列《れつ》にならんで葉《は》を食《た》べる一齢《れいようちゅう》幼虫。

どんどん食《た》べて、どんどん大《おお》きく

ギフチョウの幼虫《ようちゅう》は、カンアオイの葉《は》を食《た》べて、どんどん生長《せいちょう》します。幼虫《ようちゅう》は、大《おお》きくなるにつれて、皮《かわ》がきゅうくつになるのでぬぎます。ふ化《か》したばかりの幼虫《ようちゅう》は一齢《れいようちゅう》幼虫といい、皮《かわ》ぬぎをするごとに、二齢《れい》、三齢《れい》と大《おお》きくなっていきます。ギフチョウの幼虫《ようちゅう》は、全部《ぜんぶ》で四回皮《かいかわ》ぬぎをして、五齢幼虫《れいようちゅう》まで生長《せいちょう》します。

ギフチョウの幼虫《ようちゅう》は、二齢幼虫《れいようちゅう》まではいつもなかまといっしょに食事《しょくじ》をしますが、それ以後《いご》は、しだいに別《べつ》べつに行動《こうどう》するようになります。

➡幼虫《ようちゅう》をねらうクロヤマアリ。でも，幼虫《ようちゅう》が集団《しゅうだん》でいるせいでしょうか，とうとうなにもしないで，いってしまいました。

⬇敵《てき》が近《ちか》づくと，頭《あたま》からくさいにおいのする角《つの》をだしておどかします。写真《しゃしん》は3齢《れい》幼虫《ようちゅう》。

⬆ギフチョウ(上《うえ》)とヒメギフチョウの5齢《れい》幼虫《ようちゅう》の比較《ひかく》。ギフチョウは黒一色《くろいっしょく》ですが，ヒメギフチョウは，ふしのあいだが白《しろ》く，横《よこ》一列《れつ》に黄《き》色《いろ》いもんがあります。

⬅ギフチョウの1齢《れい》幼虫《ようちゅう》と5齢《れい》幼虫《ようちゅう》。1ぴきの幼虫《ようちゅう》がさなぎになるまで，カンアオイの葉《は》を約《やく》5枚《まい》食《た》べます。

⬆①さなぎになる前日《ぜんじつ》，糸《いと》をかけてじっとしています。②６月《がつ》10日《か》午前《ごぜん》１時《じ》30分《ぷん》，皮《かわ》をぬぎはじめました。③30秒後《びょうご》，さなぎのからだが半分《はんぶん》ほどでてきました。④約《やく》３分後《ぶんご》，すっかり皮《かわ》をぬぎおわりました。

さなぎになる

ふ化《か》してから約《やく》一か月《げつ》。春《はる》から夏《なつ》へうつるころ、ギフチョウの幼虫《ようちゅう》は、さなぎに変身《へんしん》します。四回目《かいめ》の皮《かわ》ぬぎがおわった幼虫《ようちゅう》（五齢《れい》幼虫《ようちゅう》）は、広《ひろ》いクリ畑《ばたけ》の中《なか》をうごきまわります。つもった落《お》ち葉《ば》の裏《うら》や木《き》の根《ね》っこ、石《いし》の下《した》など、さなぎになって、これから長《なが》いねむりにつくための、安全《あんぜん》な場《ば》所《しょ》をさがしているのです。

場《ば》所《しょ》がきまると、からだをちぢめて、糸《いと》をかけ、二日《か》ほどじっとしています。やがて胸《むね》の皮《かわ》がわれたかとおもうと、二〜三分《ぷん》でさなぎになります。はじめはウグイス色《いろ》ですが、数《すう》時《じ》間《かん》後《ご》には、まわりのかれ葉《は》や土《つち》にとけこむような、こい褐色《かっしょく》にかわります。

午前《ごぜん》6時《じ》，褐色《かっしょく》になったさなぎは，まわりの葉《お》ち葉《ば》の色《いろ》にとけこんでしまいます。

自然状態《しぜんじょうたい》でのさなぎはなかなかみつかりません。そこで実験室《じっけんしつ》に現地《げんち》とにた環境《かんきょう》をつくってみたところ，かなりの幼虫《ようちゅう》が，クリのいがの中《なか》でさなぎになりました。

ギフチョウと同《おな》じように実験室《じっけんしつ》でかっていたヒメギフチョウの幼虫《ようちゅう》も，同《おな》じころさなぎになりました。皮《かわ》をぬぎおわったばかりのヒメギフチョウのさなぎは，「春《はる》の女神《めがみ》」が舞《ま》うころの木《き》ぎの新緑《しんりょく》をうつしとったようなあざやかな色《いろ》です。しばらくたつと，やはり褐色《かっしょく》にかわってしまいます。

↑樹液《じゅえき》をすうオオムラサキのおす。幼虫《ようちゅう》で冬《ふゆ》をこし，7月《がつ》ごろ成虫《せいちゅう》になります。

→夏《なつ》のクリ畑《はたけ》。まばらにはえたクリの木《き》は風通《かぜとお》しをよくし，しげったクリの葉《は》は直射日光《ちょくしゃにっこう》を，しきつめられた落《お》ち葉《ば》は乾燥《かんそう》をふせぎます。ギフチョウのさなぎには，ちょうどいい環境《かんきょう》です。

夏《なつ》から秋《あき》へ

ギフチョウは、夏《なつ》、秋《あき》、冬《ふゆ》と、一年《ねん》の大半《たいはん》をさなぎの姿《すがた》ですごします。夏《なつ》はギフチョウのさなぎにとって、生長《せいちょう》するのに適《てき》していません。そのため、活動《かつどう》をとめてねむっています。

夏《なつ》、ギフチョウのさなぎがねむっている場所《ばしょ》は、風通《かぜとお》しがよくて、木《き》ぎにしげる葉《は》が、直射日光《ちょくしゃにっこう》をさえぎってくれるようなところです。

ギフチョウのさなぎがねむっている林《はやし》には、樹液《じゅえき》をすう昆虫《こんちゅう》たちがやってきます。なかには、オオムラサキのようなチョウもいます。

↑秋《あき》のクリ畑《ばたけ》。日《ひ》ざしがやわらかくなってきました。クリの葉《は》はおちて，太陽《たいよう》の光《ひかり》が地《じ》面《めん》までさしこみます。つもった落《お》ち葉《ば》は，ふとんになって，ぬくもりをたもちます。

秋《あき》になって日《ひ》が短《みじか》くなると、ギフチョウのさなぎの中《なか》では、チョウのからだが形《かたち》づくられていきます。外《そと》からはなんの変化《へんか》もないようにみえても、さなぎの中《なか》では、季節《きせつ》によって、刻《こっ》こくと変身《へんしん》しているのです。

そんな秋《あき》の林《はやし》で、成虫《せいちゅう》で冬《ふゆ》をこすチョウたちを見《み》ることもあります。

↑じゅくしておちたカキの実《み》にやってきて，しるをすうルリタテハ。これからすごす長《なが》い冬《ふゆ》にそなえて，体力《たいりょく》をつけています。

➡①成虫《せいちゅう》で冬《ふゆ》をこすムラサキシジミ。あたたかい日《ひ》には、はねを開《ひら》いて日光浴《にっこうよく》をします。②卵《たまご》で冬《ふゆ》をこすオオミドリシジミ。幼虫《ようちゅう》がその葉《は》を食《た》べる、コナラの枝《えだ》や冬芽《ふゆめ》のつけねに卵《たまご》をうみつけます。③幼虫《ようちゅう》で冬《ふゆ》をこすベニシジミ。食草《しょくそう》のスイバの根《ね》もとにいて、あたたかい日《ひ》には、葉《は》を食《た》べます。④さなぎで冬《ふゆ》をこすキアゲハ。ギフチョウとは反《はん》対《たい》に、木《き》の枝《えだ》など、高《たか》い場所《ばしょ》でさなぎになります。

いろいろな冬《ふゆ》ごし

寒《さむ》くて、きびしい冬《ふゆ》がやってきました。クリ畑《ばたけ》にすむ生《い》き物《もの》たちは、さまざまな姿《すがた》で冬《ふゆ》をこします。

ギフチョウは、さなぎになった場《ば》所《しょ》で、そのままの姿《すがた》でじっとしています。冬《ふゆ》のあいだは、さなぎの中《なか》のからだは生長《せいちょう》がとまっています。

もし、さなぎがどんどん生長《せいちょう》して、冬《ふゆ》がくるまえに、チョウになってしまったらこまります。ギフチョウは、冬《ふゆ》の寒《さむ》さを、一度《いちど》とおりすぎないと、チョウになれないように、からだのしくみができているのです。

↑冬《ふゆ》のクリ畑《ばたけ》。このあたりでは，雪《ゆき》がつもることはめったにありません。ふってもすぐきえます。

←２月《がつ》，雪《ゆき》の中《なか》で花《はな》を開《ひら》いて子孫《しそん》をふやすヒメカンアオイ。一年中《ねんじゅう》，あおあおと葉《は》をしげらせているカンアオイも，花《はな》がさいたあと新《あたら》しい葉《は》が芽《め》ぶいて，古《ふる》い葉《は》といれかわります。

⬆カタクリの花《はな》は，北国《きたぐに》に春《はる》がきたことをつげます。
➡クリ畑《ばたけ》のそばで，ヤマザクラの花《はな》が開《ひら》きました。ことしもギフチョウの季節《きせつ》がきた合図《あいず》です。

めざめのとき――羽化《うか》

日《ひ》ごとにあたたかくなり、ことしもサクラの季節《きせつ》がやってきました。町《まち》ではソメイヨシノが、少《すこ》しおくれて里山《さとやま》にヤマザクラがさきはじめました。

そして、四月《がつ》のあるあたたかい日《ひ》の朝《あさ》、パチンと音《おと》がして、ギフチョウのさなぎの皮《かわ》がわれました。羽化《うか》です。羽化《うか》したての成虫《せいちゅう》は、まだはねがちぢんでいます。

成虫《せいちゅう》はあたりをあるきまわり、はねをのばすための場所《ばしょ》をさがします。

北国《きたぐに》では、雪《ゆき》どけとともに、カタクリの花《はな》がさきはじめ、ヒメギフチョウの羽化《うか》がはじまります。

↑①さなぎの背中《せなか》のあたりがわれました。②からだをのりだします。③からからぬけだした成虫《せいちゅう》は，はねがちぢんだままの姿《すがた》であたりをあるきまわります。

↓４月《がつ》13日《にち》，午前《ごぜん》９時《じ》30分《ぷん》ごろ。落《お》ち葉《ば》のあいだをあるきまわって，はねをひろげる場所《ばしょ》をみつけました。羽化《うか》したばかりのころは，はねがやわらかくて傷《きず》つきやすく，きけんです。

「春《はる》の女神《めがみ》」が誕生《たんじょう》しました。
このチョウも、また春《はる》を舞《ま》い、
新《あたら》しい命《いのち》をのこしていくこと
でしょう。

*ギフチョウは、アゲハチョウのなかま

↑キアゲハの成虫《せいちゅう》。

←キアゲハの幼虫《ようちゅう》。おどかすと，ギフチョウと同《おな》じように，くさいにおいのする角《つの》をつきだします。

※国立国会図書館所蔵

↑江戸時代《えどじだい》の尾張《おわり》(いまの愛知県《あいちけん》)の武士《ぶし》，吉田高憲《よしだたかのり》が「虫譜《むしふ》」という本《ほん》にえがいたギフチョウ。ダンダラテウ(チョウ)の文字《もじ》がみえます。

　ギフチョウが日本《にっぽん》にすんでいることは、古《ふる》くから知《し》られていて、江戸時代《えどじだい》の絵《え》にもえがかれています。そのころは、はねのもようのとくちょうから、「ダンダラチョウ」とよばれていたようです。

　明治時代《めいじじだい》になって、岐阜県《ぎふけん》にすむ名和靖《なわやすし》という人《ひと》が、地元《じもと》でみつけたこのチョウを研究《けんきゅう》し、土地《とち》の名前《なまえ》をとって、「ギフチョウ」と名《な》づけました。じっさいには岐阜《ぎふ》県以外《けんいがい》にもいるのですが、いまではこの名《な》がひろまり、和名《わめい》としてつかわれています。

　ギフチョウは、アゲハチョウのなかまです。はねの黄《き》色《いろ》と黒《くろ》のだんだらもようや、うしろばねにある突起《とっき》などは、アゲハチョウやキアゲハのものとよくにています。

　アゲハチョウのなかまの祖先《そせん》は、いまから数千万年《すうせんまんねん》もまえの地層《ちそう》から化石《かせき》で発見《はっけん》されていて、このチョウは、現在《げんざい》のギフチョウとよくにています。そのため、ギフチョウは、アゲハチョウのなかまの祖先《そせん》のころからあまり進化《しんか》していない、原始的《げんしてき》なチョウだと考《かんが》えられています。

ヒメギフチョウ
黄色《きいろ》いもようが
内側《うちがわ》にずれる。
朝《ちょう》鮮《せん》半《はん》島《とう》
おすの腹《はら》
めすの腹《はら》
黄色《きいろ》の毛《け》
交尾後付属物《こうびごふぞくぶつ》
おすの腹《はら》の
はしの内側《うちがわ》
※すんでいる場所《ばしょ》がちがっていて
も、種《しゅ》が同《おな》じだと形《かたち》も同《おな》じです。
ギフチョウ
オレンジ色《いろ》
おすの腹《はら》
めすの腹《はら》
黒《くろ》い毛《け》
交尾後付属物《こうびごふぞくぶつ》
おすの腹《はら》の
はしの内側《うちがわ》

＊ギフチョウの兄弟《きょうだい》たち

ギフチョウの兄弟《きょうだい》は、世界《せかい》で四種《しゅ》が知《し》られています。中国大陸《ちゅうごくたいりく》には、シナギフチョウとオナガギフチョウが、朝鮮半島《ちょうせんはんとう》やソビエトの東南部《とうなんぶ》には、ヒメギフチョウがすんでいます。

日本《にっぽん》では、北海道《ほっかいどう》と本州《ほんしゅう》の北半分《きたはんぶん》にヒメギフチョウが、本州《ほんしゅう》のおもに西半分《にしはんぶん》にギフチョウがすんでいます。どちらもよくにたチョウですが、いったいどのようにしてこれらのチョウがうまれ、また、となりあってすむようになったのでしょう。

いくつかの説《せつ》があります。その一つは、幼虫《ようちゅう》が食《た》べる食草《しょくそう》が変化《へんか》したことが原因《げんいん》だとする説《せつ》です。いまから数万年《すうまんねん》まえの氷河期《ひょうがき》に、日本列島《にほんれっとう》が大陸《たいりく》と陸《りく》つづきになったとき、北《きた》からきたヒメギフチョウが、日本《にっぽん》の南西部《なんせいぶ》に分布《ぶんぷ》をひろげてきました。そこで食草《しょくそう》を、冬《ふゆ》に葉《は》をおとしてしまうウスバサイシンから常緑《じょうりょく》のカンアオイにかえ、新《あたら》しくギフチョウがうまれたというのです。

●ギフチョウしらべのてがかり

ギフチョウの兄弟《きょうだい》は，みんなよくにています。でも，いろいろな方法《ほうほう》でギフチョウだということがわかります。

■はねの形《かたち》や色《いろ》，もよう　すんでいる地方《ちほう》によって少《すこ》しずつちがいはありますが，表《おもて》ばねのうしろへりがオレンジ色《いろ》になることや，先《せん》たんの黄色《きいろ》いもようが内側《うちがわ》にずれるのはギフチョウだけで，他《ほか》の3種《しゅ》ではめったに見《み》られません。

■めすの交尾後付属物《こうびごふぞくぶつ》の形《かたち》や，おすの腹《はら》のはしの形《かたち》と毛《け》の色《いろ》　種《しゅ》によってとくちょうがあります。とくに，おすの腹《はら》のはしの形《かたち》は，種《しゅ》ごとのちがいが，もっともはっきりしている部分《ぶぶん》です。その内側《うちがわ》の部分《ぶぶん》を拡大《かくだい》してみると，とてもよくわかります。

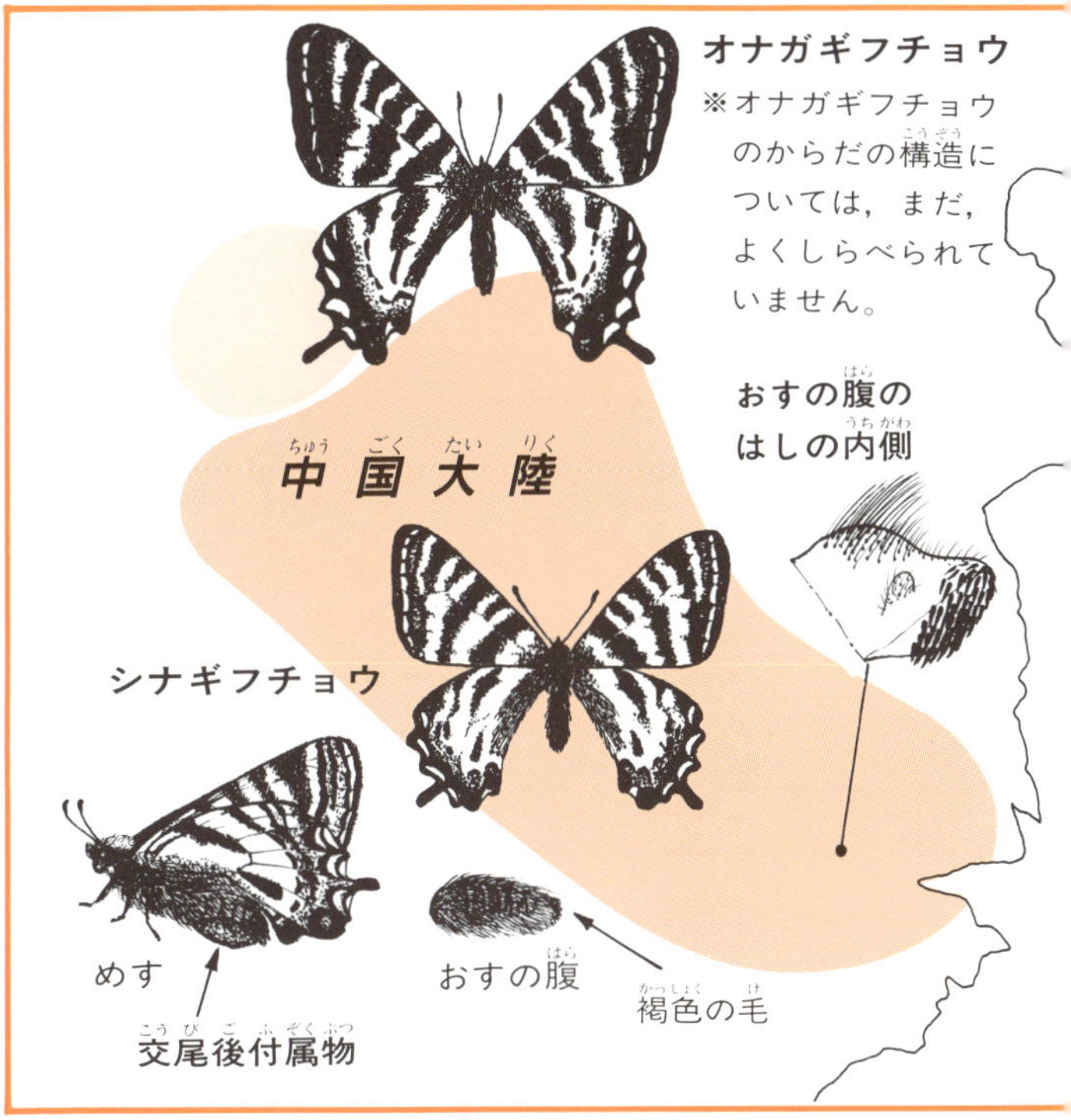
オナガギフチョウ
※オナガギフチョウのからだの構造《こうぞう》については，まだ，よくしらべられていません。
おすの腹《はら》のはしの内側《うちがわ》
中国大陸《ちゅうごくたいりく》
シナギフチョウ
めす
交尾後付属物《こうびごふぞくぶつ》
おすの腹《はら》
褐色《かっしょく》の毛《け》

また、北《きた》から日本《にっぽん》へきたヒメギフチョウとは別《べつ》に、やはりそのころ日本《にっぽん》と陸《りく》つづきだった朝鮮半島《ちょうせんはんとう》にいたヒメギフチョウが、東《ひがし》に分布《ぶんぷ》をひろげてきました。そのチョウがギフチョウで、北《きた》からきたヒメギフチョウとふたたびめぐりあい、となりあってすんでいるというわけです。

ところで、筆者《ひっしゃ》はつぎのように考《かんが》えています。いまから数百万年《すうひゃくまんねん》まえ、日本《にっぽん》がまだ大陸《たいりく》の一部分《いちぶぶん》だったころ、ギフチョウやヒメギフチョウの祖先《そせん》にあたるチョウがいました。そのチョウが、長《なが》い年月《としつき》のうちに、各地域《かくちいき》ごとに、別《べつ》べつに進化《しんか》してきたのではないだろうかと。

ギフチョウたちの祖先《そせん》にあたるチョウがうまれてから、その後《ご》、地殻《ちかく》の変動《へんどう》や気候《きこう》の変化《へんか》があり、そこにはえる植物《しょくぶつ》もかわってきたことでしょう。それにともない、ギフチョウの兄弟《きょうだい》も、いろいろと変化《へんか》を強《し》いられ、それを何度《なんど》もくりかえした結果《けっか》、いまのような姿《すがた》や分布《ぶんぷ》になったと思《おも》われます。

カンアオイのなかまは，日本《にっぽん》に約《やく》30種《しゅ》ほどあり，ギフチョウのいない四国《しこく》や九州《きゅうしゅう》にもはえています。ここでは，ギフチョウとヒメギフチョウの食《た》べる，代表的《だいひょうてき》なカンアオイのなかまの分布《ぶんぷ》をのせました。22ページ，または42ページのギフチョウとヒメギフチョウの分《ぶん》布《ぶ》地図《ちず》をかさねあわせてみてください。

●カンアオイの分布《ぶんぷ》

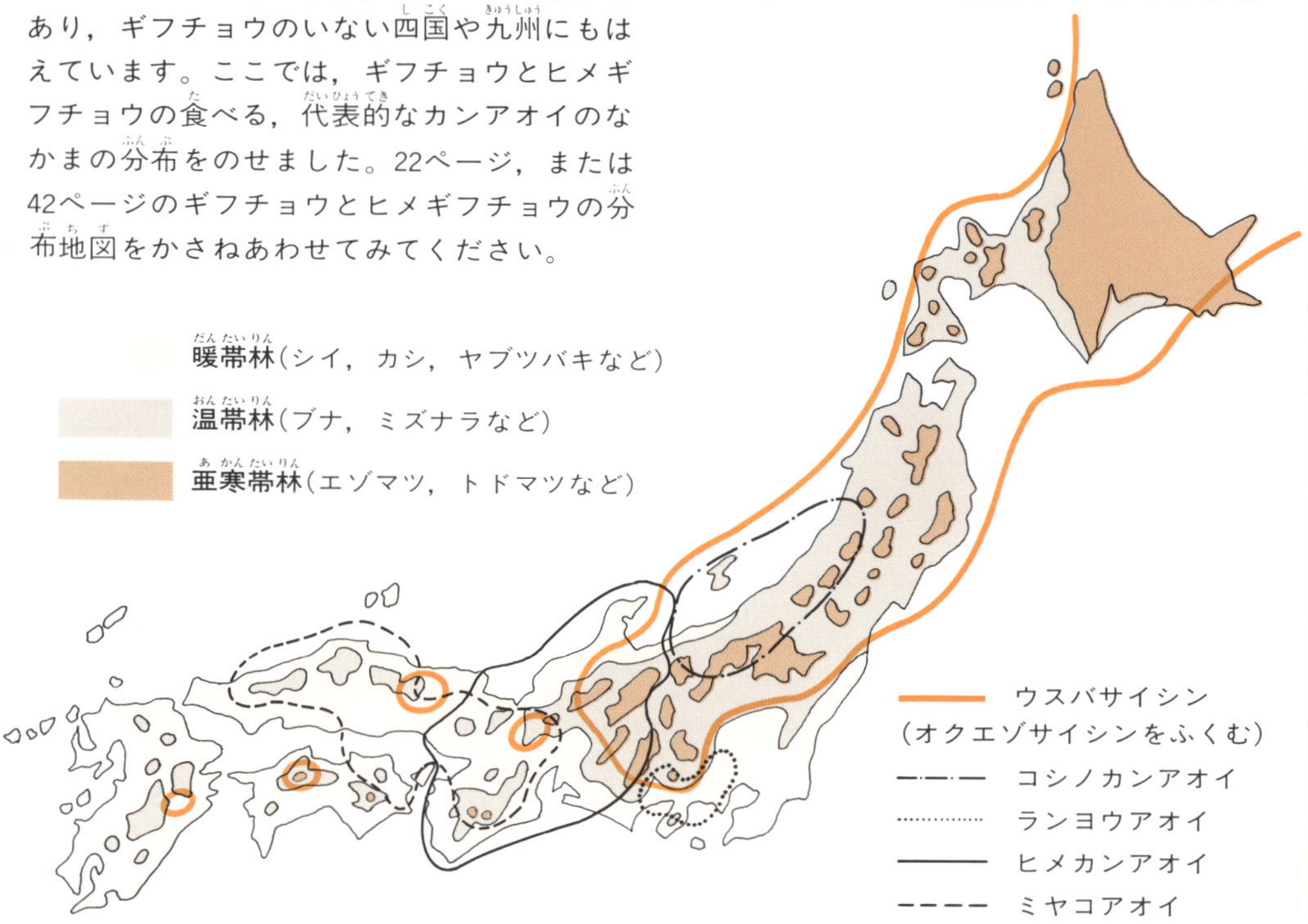
暖帯林《だんたいりん》(シイ，カシ，ヤブツバキなど)
温帯林《おんたいりん》(ブナ，ミズナラなど)
亜寒帯林《あかんたいりん》(エゾマツ，トドマツなど)
ウスバサイシン
(オクエゾサイシンをふくむ)
コシノカンアオイ
ランヨウアオイ
ヒメカンアオイ
ミヤコアオイ

ギフチョウの幼虫《ようちゅう》の食草《しょくそう》であるカンアオイのなかまは、冬《ふゆ》に葉《は》をおとすウスバサイシンと、冬《ふゆ》でも葉《は》があおあおとしている常緑《じょうりょく》のカンアオイの、二つにわけられます。

ウスバサイシンのはえる林《はやし》は、夏緑広葉樹《かりょくこうようじゅ》といって、夏《なつ》には緑《みどり》の葉《は》をひろげ、冬《ふゆ》には葉《は》をおとす木《き》ぎからなる、温帯林《おんたいりん》です。

常緑《じょうりょく》のカンアオイは、冬《ふゆ》でも葉《は》をおとさない常緑広葉樹《じょうりょくこうようじゅ》からなる暖帯林《だんたいりん》にはえますが、一部《いちぶ》は温帯林《おんたいりん》にもはえます。そして、ギフチョウのすむところは、常緑《じょうりょく》のカンアオイが分《ぶん》布《ぶ》する、もっとも北《きた》のはしにあたります。

常緑《じょうりょく》のカンアオイといっても、春《はる》には新《あたら》しい葉《は》が芽《め》ぶいて古《ふる》い葉《は》といれかわるので、四《し》季《き》のうつりかわりにしたがって生《い》きていることとは、ウスバサイシンとかわりません。

ヒメギフチョウの幼虫《ようちゅう》の食草《しょくそう》は、ウスバサ

●ギフチョウの幼虫《ようちゅう》の代表的《だいひょうてき》な食草《しょくそう》

①ランヨウアオイ。中部地方《ちゅうぶちほう》や関西地方《かんさいちほう》で主要《しゅよう》な食草《しょくそう》になっているヒメカンアオイにかわって，関東地《かんとうち》方《ほう》などでの主要《しゅよう》な食草《しょくそう》。冬《ふゆ》でも常緑《じょうりょく》です。

②コシノカンアオイ。北日本《きたにほん》での主要《しゅよう》な食草《しょくそう》。花《はな》が大《おお》きく，花《はな》のさく時期《じき》や新《あたら》しい葉《は》がでる時期《じき》もおそいのがとくちょう。冬《ふゆ》でも常緑《じょうりょく》です。

③ウスバサイシン。ヒメギフチョウの食草《しょくそう》ですが，北国《きたくに》や寒《さむ》い地方《ちほう》ではギフチョウの幼虫《ようちゅう》も食《た》べます。写真《しゃしん》の卵《たまご》はヒメギフチョウのもの。

イシンと、ごく近《ちか》いなかまのオクエゾサイシンがほとんどです。ところが、ギフチョウは、もっともすきなヒメカンアオイのほかにも、さまざまな種類《しゅるい》のカンアオイを食《た》べます。

でも、それぞれの地域《ちいき》ごとに、ギフチョウの幼虫《ようちゅう》のすきなカンアオイはきまっています。ほかの地方《ちほう》のカンアオイをあたえても、なかなか食《た》べなかったり、食《た》べても成長《せいちょう》がわるいことがあるのは、とてもふしぎです。

●1万年《まんねん》かかってわずか1kmの移動《いどう》

カンアオイの花《はな》は，地面近《じめんちか》くでさくじみな花《はな》です。そのため，チョウやハチはほとんどやってきません。花粉《かふん》をはこぶのは，ヤスデやナメクジのようです。

できたたねは，アリがはこぶこともあるようですが，たいていは花《はな》のすぐそばにおちます。そのため，分布《ぶんぷ》をひろげるのには，とても時間《じかん》がかかります。ある学者《がくしゃ》の計算《けいさん》では，1km移動《いどう》するのに1万年《まんねん》もかかるそうです。

そんな植物《しょくぶつ》を食草《しょくそう》にえらんで運命《うんめい》をともにしているギフチョウですから，どんどん子孫《しそん》をふやしたり，分布《ぶんぷ》をひろげたりできるわけではありません。

▲たねをはこぶアリ。

＊ギフチョウのすむ環境《かんきょう》

➡ギフチョウのすむ環境《かんきょう》は、意外《いがい》と人間《にんげん》の生活《せいかつ》のにおいのするところです。十一月《がつ》下旬《げじゅん》、葉《は》をおとしはじめたクリ畑《ばたけ》。この畑《はたけ》の地面《じめん》のどこかで、落《お》ち葉《ば》のふとんをかぶって、ギフチョウのさなぎがねむっていることでしょう。

ギフチョウは、食草《しょくそう》のカンアオイがはえていれば、どこでもすめるというわけではありません。成虫《せいちゅう》が花《はな》の蜜《みつ》をすい、卵《たまご》をうみ、夜《よる》にはゆっくり休《やす》むことができる、そんな条件《じょうけん》や空間《くうかん》が必要《ひつよう》です。また、さなぎが、初夏《しょか》から翌年《よくねん》の春《はる》にかけて、長時間《ちょうじかん》じっとしていてもだいじょうぶな環境《かんきょう》も必要《ひつよう》です。

この本《ほん》のおもな観察地《かんさつち》（左《ひだり》の図《ず》参照《さんしょう》）は、関西《かんさい》の都市《とし》近郊《きんこう》の農村《のうそん》です。そこは、盆地《ぼんち》の平《へい》たんな部分《ぶぶん》が丘陵地《きゅうりょうち》帯《たい》と接《せっ》するあたりで、標高《ひょうこう》は約百《やくひゃく》メートルのところです。

山《やま》ぎわにつくられたクリ畑《はたけ》や若《わか》いヒノキの植林地《しょくりんち》は、夏《なつ》でも風通《かぜとお》しがよく、木《き》ぎにしげった葉《は》っぱは、地面《じめん》への強《つよ》い日《ひ》ざしをさえぎってくれます。そのため、さなぎが高温《こうおん》にさらされることもふせげます。

冬《ふゆ》には、クリの木《き》は葉《は》をおとすので、さなぎのいる地《じ》面《めん》には、あたたかな日《ひ》ざしが、じゅうぶんにふりそそぎます。また、つもった落《お》ち葉《ば》のふとんは、さなぎをきょくたんな寒《さむ》さや乾燥《かんそう》から、まもってくれるのです。

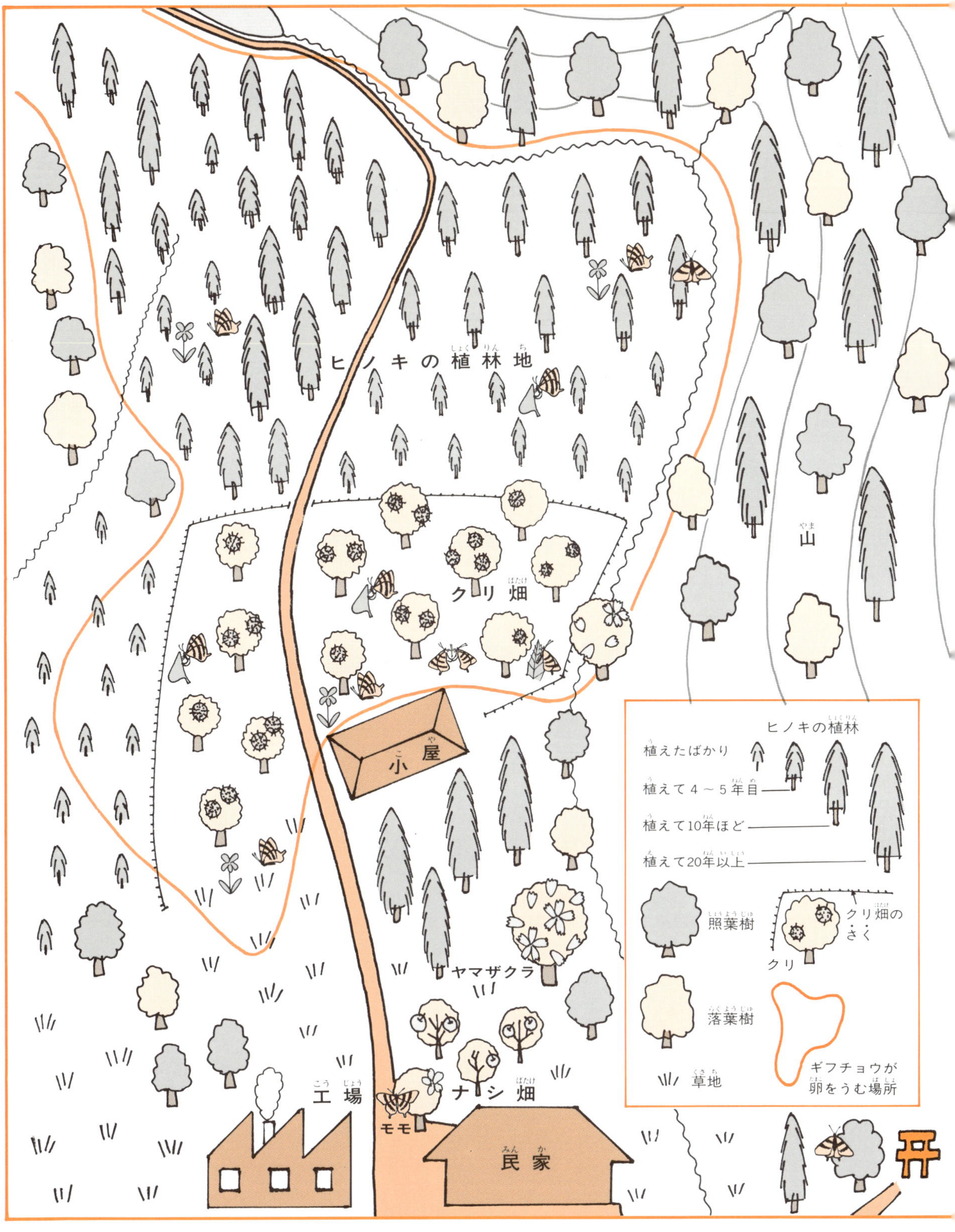
ヒノキの植林地《しょくりんち》
クリ畑《ばたけ》
小屋《こや》
山《やま》
ヤマザクラ
ナシ畑《ばたけ》
工場《こうじょう》
モモ
民家《みんか》
ヒノキの植林《しょくりん》
植《う》えたばかり
植《う》えて4～5年目《ねんめ》
植《う》えて10年《ねん》ほど
植《え》えて20年以上《ねんいじょう》
照葉樹《しょうようじゅ》
クリ畑《はたけ》のさく
クリ
落葉樹《らくようじゅ》
草地《くさち》
ギフチョウが卵《たまご》をうむ場所《ばしょ》

＊ギフチョウの一年《ねん》

春《はる》
冬《ふゆ》
クリ畑《はたけ》のようす
クリの木《き》の葉《は》がしげり、日《ひ》かげができます。カンアオイの葉《は》は生長《せいちょう》してひろがり、下草《したくさ》もどんどんのびてきます。
カンアオイの新《あたら》しい葉《は》がでてきます。
ギフチョウ
くなるため生長《せいちょう》がとまる
さなぎ
幼虫《ようちゅう》の生長《せいちょう》
産卵《さんらん》
成虫《せいちゅう》の羽化《うか》
生長《せいちょう》

野山《のやま》の生《い》き物《もの》は、季節《きせつ》のうつりかわりと強《つよ》くむすびついた、カレンダーをもっています。

上《うえ》の図《ず》は、ギフチョウとクリ畑《はたけ》の一年《ねん》です。

ギフチョウは、一年《ねん》のほとんどのあいだをさなぎの姿《すがた》ですごすため、外《そと》から見《み》るかぎり、ただ、じっとしているように見《み》えます。でも、そのあいだにも、カレンダーにそって、からだの中《なか》では刻《こっ》こくと変化《へんか》がおきています。

暑《あつ》い夏《なつ》や寒《さむ》い冬《ふゆ》から身《み》をまもるため、温度《おんど》や昼《ひる》の時間《じかん》の長《なが》さを感《かん》じとって、さなぎのからの中《なか》で、からだの生長《せいちょう》がすすんだり、とまったりするしくみが、そなわっているのです。

季節《きせつ》のめぐりかたは、毎年《まいねん》、ほぼ同《おな》じようにくりかえされるわけですから、ギフチョウの成虫《せいちゅう》も、春《はる》、きまったころにでてきます。

それとともに、成虫《せいちゅう》が蜜《みつ》をすうスミレやカタクリ、ヤマザクラの花《はな》もそのころ開《ひら》きます。

秋《あき》	冬《ふゆ》

クリの実《み》の収穫《しゅうかく》のために、下草《したくさ》をかってしまいますが、カンアオイは背《せ》たけが低《ひく》いので、かりとられずにのこります。
クリの木《き》の葉《は》がおちて、日《ひ》ざしが地《ち》表《ひょう》までさしこみます。落《お》ち葉《ば》はふ・と・んとなって、地《ち》表《ひょう》を保《ほ》温《おん》します。北《きた》国《くに》では雪《ゆき》がふとんの役《やく》目《め》をします。
カンアオイの花《はな》が開《ひら》きます。

高温《こうおん》や昼《ひる》の時間《じかん》

←生長《せいちょう》→

←低温《ていおん》のため生長《せいちょう》がとまる→

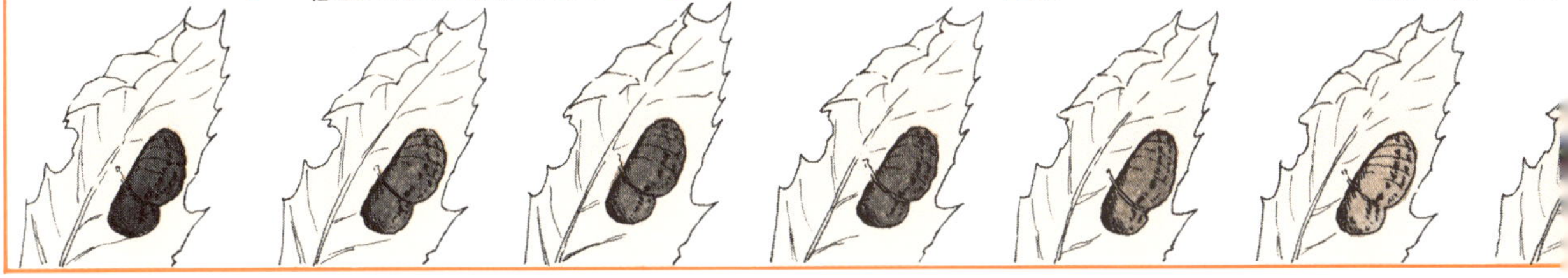

また、卵《たまご》をうみつけるカンアオイも、そのころ、新《あたら》しい葉《は》を芽《め》ぶきます。

このように、春《はる》の短《みじか》いあいだに、つぎの世《せ》代《だい》への橋《はし》わたしをすべておえてしまい、あとは、一見《いっけん》ねむったようなくらしかたをする生《い》き物《もの》が、スプリング・エフェメラルです。

ギフチョウの成虫《せいちゅう》は、スプリング・エフェメラルの植物《しょくぶつ》たちが花《はな》ざかりのあいだに、羽《う》化《か》し、交尾《こうび》、産卵《さんらん》をするのです。

●カタクリとギフチョウ

スプリング・エフェメラルの代表的《だいひょうてき》な植物《しょくぶつ》が、雑木林《ぞうきばやし》にさくカタクリです。

早春《そうしゅん》、カタクリは、林《はやし》の天井《てんじょう》が葉《は》っぱでおおわれてしまわないうちに、日《ひ》の光《ひかり》をたっぷりあびて花《はな》を開《ひら》き、昆虫《こんちゅう》をよんで実《み》をむすびます。このとき、ギフチョウやヒメギフチョウも一役《ひとやく》かっています。

初夏《しょか》、林《はやし》の天井《てんじょう》が緑《みどり》ですっかりおおわれるころには、カタクリはとけるように地上《ちじょう》から姿《すがた》をけします。そして、一年《ねん》の大半《たいはん》は、地下《ちか》で球根《きゅうこん》の姿《すがた》でねむります。

カタクリは球根《きゅうこん》で、ギフチョウやヒメギフチョウはさ・な・ぎ・で――。植物《しょくぶつ》と昆虫《こんちゅう》のちがいはありますが、そのくらしかたはよくにています。

▼カタクリの一年《ねん》。上《うえ》の図《ず》とかさねて見《み》てください。

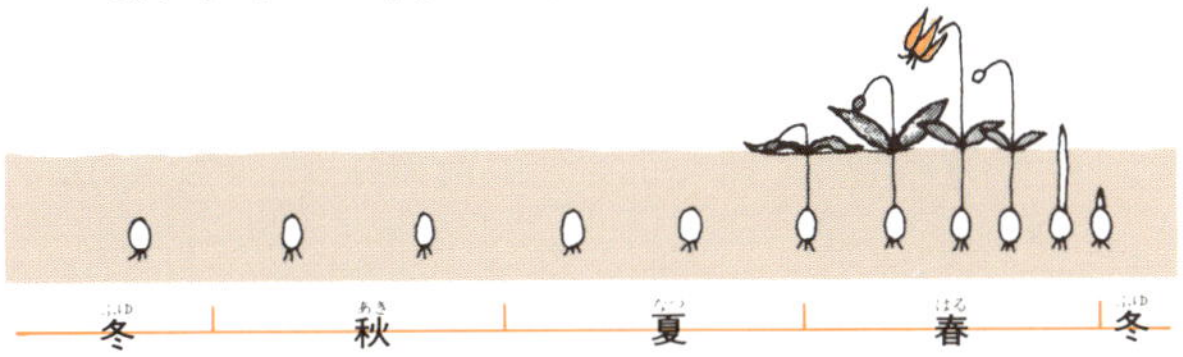
冬《ふゆ》
秋《あき》
夏《なつ》
春《はる》
冬《ふゆ》

＊人間《にんげん》とともに歩《あゆ》んできたギフチョウ

■いまから数十年《すうじゅうねん》ほどまえ

スギやヒノキは常緑《じょうりょく》ですが，若《わか》い植林地《しょくりんち》は日《ひ》がよくあたり，一時的《いちじてき》に食草《しょくそう》がふえます。

■いまから200年《ねん》ほどまえ～数十年《すうじゅうねん》ほどまえまで

雑木林《ぞうきばやし》の木《き》は，20～30年《ねん》ごとにきりました。そのつど，食草《しょくそう》がふえました。

■いまから数千年以上《すうせんねんいじょう》まえ

照葉樹林《しょうようじゅりん》のはずれや，とぎれる場所《ばしょ》は明《あか》るく，食草《しょくそう》が比較的《ひかくてき》多《おお》く育《そだ》ちます。

ギフチョウの祖先《そせん》があらわれた大《おお》むかしには、いまギフチョウがすんでいるところとにた環境《かんきょう》が、自《し》然《ぜん》のままの状態《じょうたい》であったのかもしれません。

でも、ずっとのちになって、人間《にんげん》が活動《かつどう》しはじめたころの日本列島《にほんれっとう》は、大部分《だいぶぶん》がうっそうとした※照葉《しょうよう》樹林《じゅりん》で、ギフチョウがくらすには、あまり適《てき》していませんでした。そのころのギフチョウは、いくらか開《ひら》けた明《あか》るいところにすんでいたのでしょう。たとえば、川筋《かわすじ》のがけがくずれたところなど、風通《かぜとお》しがよく、木《き》がまばらにはえているような場所《ばしょ》です。

そのうち、だんだん人間《にんげん》の活動《かつどう》がさかんになり、一か所《しょ》にすみついて村《むら》ができると、そのまわりの森《もり》はきりひらかれ、あとにクヌギやコナラなどの落葉《らくよう》樹《じゅ》からなる、雑木林《ぞうきばやし》ができました。また、食料《しょくりょう》をとるための果樹園《かじゅえん》や田畑《たはた》も開《ひら》かれました。

江戸時代《えどじだい》には、雑木林《ぞうきばやし》はまきや炭《すみ》などの燃料《ねんりょう》にするために、さかんに利用《りよう》されました。また、落《お》ち葉《ば》

※照葉樹《しょうようじゅ》は、シイやカシ、ヤブツバキなど、葉《は》の表《おもて》がてかてかして

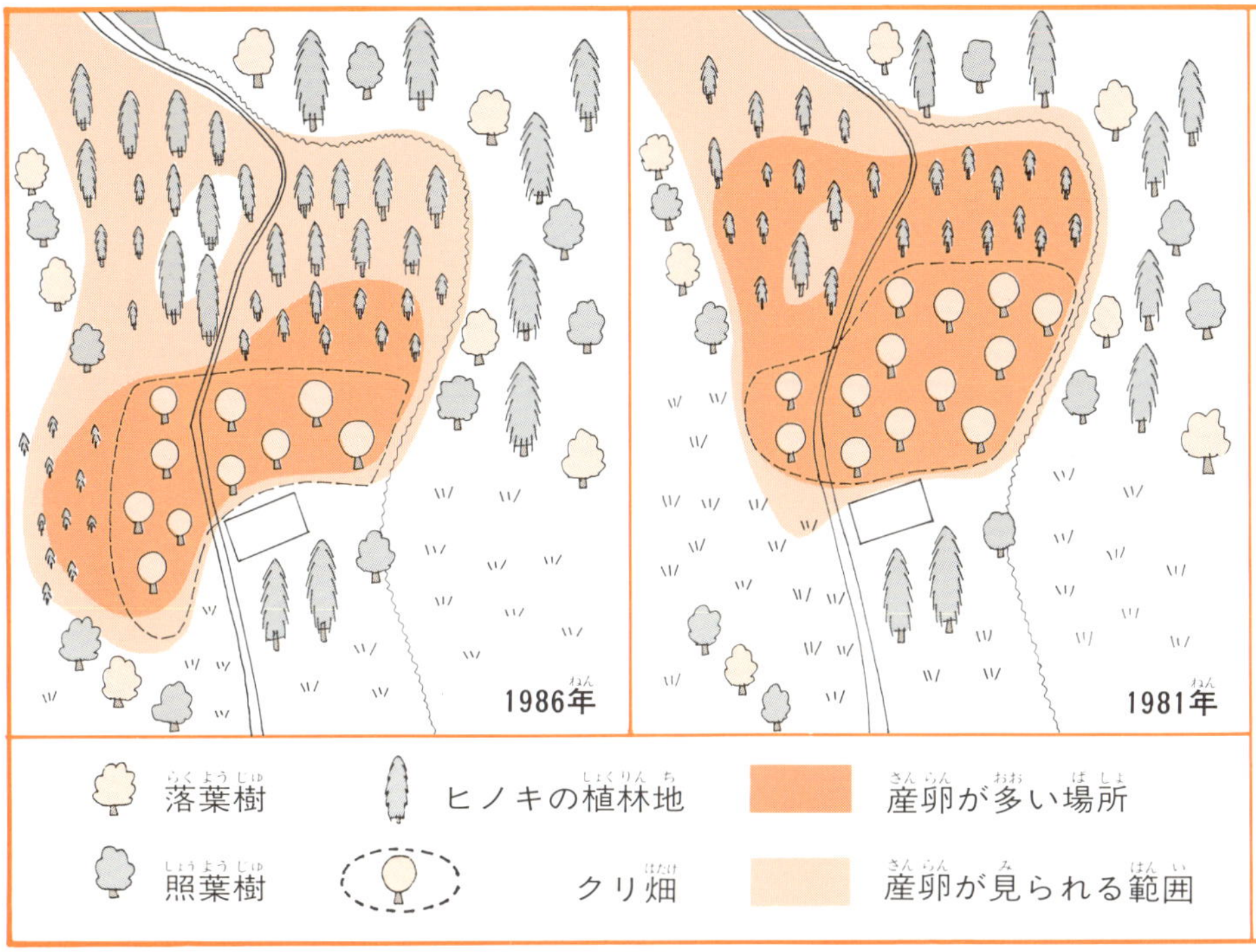
1986年《ねん》
1981年《ねん》
落葉樹《らくようじゅ》
ヒノキの植林地《しょくりんち》
産卵《さんらん》が多《おお》い場所《ばしょ》
照葉樹《しょうようじゅ》
クリ畑《はたけ》
産卵《さんらん》が見《み》られる範囲《はんい》

●**ギフチョウ観察地《かんさつち》の環境変化《かんきょうへんか》**

ギフチョウのすむ環境《かんきょう》は、そこにすむ人《ひと》びとのくらしとともにかわっていきます。観察初期《かんさつしょき》には、まだおさなかった植林地《しょくりんち》の木《き》も、最近《さいきん》では背《せ》たけがのび、林《はやし》の中《なか》はうすぐらくなってきました。そのため食草《しょくそう》のいきおいがなくなり、ギフチョウの産卵《さんらん》する範囲《はんい》も変化《へんか》してきました。

や下草《したくさ》はたい肥《ひ》にして、田畑《たはた》の肥料《ひりょう》につかいました。

雑木林《ぞうきばやし》はほおっておくと、またもとの照葉樹林《しょうようじゅりん》にもどります。でも、ときどき木《き》をきったり、落《お》ち葉《ば》をかきあつめたり、手入《てい》れをしているので、下草《したくさ》におおわれたり、うっそうとした林《はやし》になることはありません。このような雑木林《ぞうきばやし》の利用《りよう》は、一九六〇年代《ねんだい》ごろまで、日本《にっぽん》のあちこちでみられました。

雑木林《ぞうきばやし》とその周辺《しゅうへん》は、ギフチョウには、とてもすみよい環境《かんきょう》です。ギフチョウはここへうつりすみ、勢力《せいりょく》をひろげていきました。

ところが、一九六〇年代《ねんだい》ごろから建築用《けんちくよう》の木材《もくざい》の需要《じゅよう》がふえ、雑木林《ぞうきばやし》はきり開《ひら》かれ、スギやヒノキの植林《しょくりん》がおこなわれるようになりました。植《う》えてしばらくのあいだ、若《わか》い植林地《しょくりんち》は日《ひ》がよくあたり、食草《しょくそう》もよく育《そだ》つので、ギフチョウには、やはりすみよい環境《かんきょう》でした。でも、植林《しょくりん》された木《き》が大《おお》きくなるにつれて、林《はやし》の中《なか》はうす暗《ぐら》くなり、ギフチョウには、すみづらい環境《かんきょう》になってきたのです。

かつては、この地《ち》もギフチョウの産地《さんち》でした。背《はい》後《ご》に雑木林《ぞうきばやし》をひかえ、田畑《たはた》のひろがる田園風景《でんえんふうけい》も、都市化《としか》の波《なみ》にのまれ、すっかり姿《すがた》をかえてしまいました。宅地造成地《たくちぞうせいち》には、帰化植物《きかしょくぶつ》のセイタカアワダチソウが、いま花《はな》ざかりです。

さて、現在《げんざい》のギフチョウはどうしているでしょう。

ついこのあいだまで、人《ひと》びとは雑木林《ぞうきばやし》の自然《しぜん》をたくみに利用《りよう》して生《い》きてきました。ところが、石油《せきゆ》やプロパンガス、化学肥料《かがくひりょう》などの使用《しよう》がひろまった現《げん》在《ざい》、雑木林《ぞうきばやし》は利用《りよう》されなくなりました。このままだと、ふたたび、うっそうとした照葉樹林《しょうようじゅりん》にもどってしまいます。ギフチョウにとっては一大事《いちだいじ》です。

そればかりではありません。都市《とし》が発展《はってん》するにつれて、そのまわりの雑木林《ぞうきばやし》や照葉樹《しょうようじゅ》の森《もり》が、宅地造《たくちぞう》成《せい》などのために、ねこそぎ開発《かいはつ》されているのです。

また、田《た》や畑《はたけ》、果樹園《かじゅえん》には農薬《のうやく》や化学肥料《かがくひりょう》がふんだんにつかわれています。いまや人《ひと》びとは、四季《しき》のうつりかわりや、自然《しぜん》のめぐみをわすれてしまったような生活《せいかつ》をしています。

自然《しぜん》と人間《にんげん》が適度《てきど》に調和《ちょうわ》をたもっている場所《ばしょ》は、ギフチョウにとっても、すみよい環境《かんきょう》です。そういった場所《ばしょ》が、大規模《だいきぼ》にきえようとしているのです。

●都市化《とし か》の中《なか》で生《い》きつづけるチョウたち

アゲハチョウ(①)は、ギフチョウと同《おな》じように、日本列島《に ほん れっ とう》に古《ふる》くからすんでいたチョウです。一年《ねん》に何回《なん かい》も世代《せ だい》を交代《こう たい》することや、幼虫《よう ちゅう》が、さいばいされたミカンやサンショウ、人家《じん か》のいけがきに多《おお》いカラタチなどをこのんで食《た》べることもあって、人間《にん げん》と歩調《ほ ちょう》をあわせて生《い》きています。

モンシロチョウ(②)やキアゲハは、ギフチョウやアゲハチョウより、ずっとあとになって日本《にっ ぽん》にすみついたチョウのようです。都市近郊《と し きん こう》の畑《はたけ》で、モンシロチョウはダイコンやキャベツを、キアゲハはニンジンなどを食草《しょく そう》にしています。でも、最近《さい きん》は農薬《のう やく》などの影響《えい きょう》で、少《すく》なくなってきました。

モンシロチョウににたスジグロチョウ(③)は、もともと山間部《さん かん ぶ》にいましたが、最近《さい きん》、都会《と かい》でふえています。高層《こう そう》ビルや鉄道路線《てつ どう ろ せん》などが、人工《じん こう》の山《やま》や谷間《たに ま》になっていることと関係《かん けい》があるようです。帰化植物《き か しょく ぶつ》のハナダイコンなどを食草《しょく そう》にしています。

わずかにのこされたギフチョウの産地《さん ち》には、採集《さい しゅ》者《しゃ》がおしよせ、チョウをごっそりとったり、なかには、食草《しょく そう》まで大量《たい りょう》にもちかえる人《ひと》もいます。

このように、ギフチョウの未来《み らい》は、けっして明《あか》るくはありません。そのため、ギフチョウがいなくなったところに、別《べつ》の産地《さん ち》からもってきたギフチョウをはなそうとする試《こころ》みもあります。でも、なぜギフチョウがいなくなったのかを考《かん が》えないと、根本的《こん ぽん てき》な解決《かい けつ》にはならないでしょう。ギフチョウが生《い》きていくのにじゅうぶんな環境《かん きょう》がそろわなくては、はなしたチョウもすみつくことはできないのですから。

ほろびつつあるギフチョウとは別《べつ》に、都市化《と し か》の中《なか》でも生《い》きているチョウがいます。アゲハチョウや、スジグロチョウなどです。これらのチョウは、都市《と し》のまわりでも食草《しょく そう》をみつけ、子孫《し そん》をふやしています。

でも、これらのチョウも、いつまで生《い》きつづけられるかわかりません。その姿《すがた》が見《み》られなくなったとき、それは人間《にん げん》も「春《はる》」をうしなうときです。

あとがき

ぼくがギフチョウとはじめて出会《であ》ったのは、いまから二十五年《ねん》まえの中学生《ちゅうがくせい》のときでした。そのとき「春《はる》の女神《めがみ》」は、ぼくの目《め》の前《まえ》に、ほんのわずかのあいだ、姿《すがた》をみせてくれただけでした。

それから二十年近《ねんちか》くたって、ぼくはふたたびギフチョウの姿《すがた》を見《み》たくなりました。少年《しょうねん》のころ、たったいちど見《み》ただけのギフチョウ。その姿《すがた》は「春《はる》」そのものとして、ずっとぼくの心《こころ》の中《なか》に生《い》きていたのです。

農家《のうか》のたたずまい、川《かわ》のせせらぎ、クリ畑《ばたけ》、植林《しょくりん》されたばかりのヒノキ、モモの花《はな》……。そして春《はる》のやわらかな光《ひかり》。あのときと同《おな》じ光景《こうけい》の中《なか》で、ぼくは、ふたたび「春《はる》の女神《めがみ》」と出会《であ》うことができました。

しかし、ぼくが観察《かんさつ》をつづけてきたこの数年《すうねん》のあいだにも、この場所《ばしょ》でギフチョウを見《み》る機会《きかい》は、めっきり少《すく》なくなってきています。十年後《ねんご》、二十年後《ねんご》、ここをおとずれたとき、「春《はる》の女神《めがみ》」と再会《さいかい》し、こころゆくまでながめることができるでしょうか。そうあることを、ねがってやみません。

この本《ほん》をつくるにあたり、多《おお》くの方《かた》がたから協力《きょうりょく》と助言《じょげん》をいただきました。なかでも、広《ひろ》い視野《しや》にたってギフチョウの研究《けんきゅう》をすすめてこられた、原聖樹《はらせいき》氏《し》と故日浦勇《こひうらいさむ》氏《し》には、とても多《おお》くのことを教《おし》えていただきました。この場《ば》をかりて、みなさまにお礼《れい》を申《もう》しあげます。

青山潤三《あおやまじゅんぞう》

（一九八七年三月）

NDC486

青山潤三

科学のアルバム　虫 18

ギフチョウ

あかね書房 1987

54P　23×19cm

科学のアルバム

ギフチョウ

一九八七年 三 月初版
二〇〇五年 四 月新装版第 一 刷
二〇二三年一〇月新装版第一三刷

著者　青山潤三

発行者　岡本光晴

発行所　株式会社 あかね書房
〒一〇一－〇〇六五
東京都千代田区西神田三－二－一
電話〇三－三二六三－〇六四一（代表）
https://www.akaneshobo.co.jp

印刷所　株式会社 精興社

写植所　株式会社 田下フォト・タイプ

製本所　株式会社 難波製本

ISBN978-4-251-03392-5

定価は裏表紙に表示してあります。

落丁本・乱丁本はおとりかえいたします。

○表紙写真

・カタクリの花《はな》にとまるギフチョウ

○裏表紙写真（上から）

・羽化《うか》したばかりのギフチョウ

・ギフチョウの卵《たまご》

・さなぎになりかけている
　ギフチョウの幼虫《ようちゅう》

○扉写真

・交尾《こうび》をしているギフチョウ

○もくじ写真

・カンアオイの葉を食べる
　ギフチョウの１齢幼虫《れいようちゅう》

科学のアルバム

全国学校図書館協議会選定図書・基本図書
サンケイ児童出版文化賞大賞受賞